永兴岛植物虫害
原色图谱

◎ 陈 青 伍春玲 梁 晓 等 著

中国农业科学技术出版社

图书在版编目（CIP）数据

永兴岛植物虫害原色图谱 / 陈青等著 . —北京：中国农业科学技术出版社，2021.6
ISBN 978-7-5116-5348-2

Ⅰ.①永…　Ⅱ.①陈…　Ⅲ.①西沙群岛—植物虫害—图谱　Ⅳ.①S433-64

中国版本图书馆 CIP 数据核字（2021）第 105503 号

责任编辑	李　华　白姗姗
责任校对	李向荣
责任印制	姜义伟　王思文

出 版 者	中国农业科学技术出版社
	北京市中关村南大街12号　　邮编：100081
电　　话	（010）82109708（编辑室）　（010）82109702（发行部）
	（010）82109709（读者服务部）
传　　真	（010）82106650
网　　址	http:// www.castp.cn
经 销 者	各地新华书店
印 刷 者	北京地大彩印有限公司
开　　本	710mm×1 000mm　1/16
印　　张	11
字　　数	209千字
版　　次	2021年6月第1版　　2021年6月第1次印刷
定　　价	88.00元

《永兴岛植物虫害原色图谱》

—————— 著者名单 ——————

主　著：陈　青（中国热带农业科学院环境与植物保护研究所）

　　　　伍春玲（中国热带农业科学院环境与植物保护研究所）

　　　　梁　晓（中国热带农业科学院环境与植物保护研究所）

副主著：徐雪莲（中国热带农业科学院环境与植物保护研究所）

　　　　刘　迎（中国热带农业科学院环境与植物保护研究所）

　　　　陈　谦（中国热带农业科学院环境与植物保护研究所）

　　　　唐良德（中国热带农业科学院环境与植物保护研究所）

　　　　吴　瑕（中国热带农业科学院环境与植物保护研究所）

　　　　戴好富（中国热带农业科学院热带生物技术研究所）

著　者：韩志玲（中国热带农业科学院环境与植物保护研究所）

　　　　伍牧锋（中国热带农业科学院环境与植物保护研究所）

　　　　胡美姣（中国热带农业科学院环境与植物保护研究所）

　　　　李　敏（中国热带农业科学院环境与植物保护研究所）

　　　　武春媛（中国热带农业科学院环境与植物保护研究所）

　　　　金　涛（中国热带农业科学院环境与植物保护研究所）

　　　　吴少英（海南大学植物保护学院）

　　　　许宇山（国家海洋局三沙海洋环境监测中心站）

　　　　王祝年（中国热带农业科学院热带作物品种资源研究所）

　　　　王清隆（中国热带农业科学院热带作物品种资源研究所）

　　　　冼健安（中国热带农业科学院热带生物技术研究所）

前　言

海岛作为海上的陆地，是海洋开发的前哨和基地，其优越的地理位置、特殊的战略地位、险要的军事战略要冲、复杂多样和脆弱的生态环境、优良的渔港等丰富的优势资源，以及全方位辐射交往的特殊功能，决定着海岛具有广阔的开发前景。为了科学开发海岛并确保海岛的长期存在，世界各国都十分重视海岛的生态环境保护和持续性系统建设。我国的海岛环境质量调查及评价工作开始较晚，"九五"期间的"全国海岛资源综合调查"是我国首次全国性的大规模有针对性的海岛资源调查，但迄今为止尚未见有关永兴岛岛礁植物虫害发生与为害状况的报道。目前，随着三沙市西沙群岛旅游业的快速发展，如何有效监控永兴岛外来有害生物的入侵、定殖扩散与暴发成灾，成为西沙群岛生态环境保护和持续健康开发中亟待解决的重要课题。

因此，为适应三沙市海岛资源开发及旅游业产业发展需求，本书针对永兴岛植物虫害基础信息不清、调查与评估基础薄弱、生物与生态环境安全隐患日趋突出等现实问题，系统介绍了永兴岛野生盐生植物、绿色固沙植物、园林绿化植物和耐盐果蔬害虫种类、分布与发生为害状况，为深入了解和保护永兴岛植物资源、岛礁农牧业的深度开发和改善岛礁居住环境提供基础信息支撑。

本书能够顺利完成，得到了海南省重点研发计划项目（ZDYF2020086）、农业农村部财政专项"南锋专项Ⅲ期"（NFZX-2021）和"南锋专项Ⅱ期"（NFZX-2018）、农业农村部财政项目"热作病虫害监测与防控技术"（151821301082352712）等项目支持，谨此致谢。

本书具有良好的针对性和实用性，可为相关科研与教学单位、企业、农技推广部门及当地政府产业发展决策提供重要参考，十分有利于岛礁农牧业持续健康发展中的虫害绿色防控和岛礁居住环境改善升级，具有广泛的行业、社会影响力和良好的应用推广前景。

限于著者的知识与专业水平，如有不足之处，敬请广大读者予以指正。

著　者

2020年10月

目　录

第一章

野生盐生植物虫害原色图谱

1. 草海桐虫害

大猿叶甲

小猿叶甲

黄曲条跳甲

美洲斑潜蝇

蔷薇三节叶蜂幼虫

蔷薇三节叶蜂成虫

棉蚜

绿鳞象甲

2. 银毛树虫害

拟三色星灯蛾幼虫

拟三色星灯蛾成虫

拟三色星灯蛾成虫

大猿叶甲

小猿叶甲

黄曲条跳甲

扶桑绵粉蚧

3. 海岸桐虫害

木瓜秀粉蚧

绿鳞象甲

小绿叶蝉

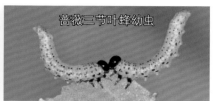
蔷薇三节叶蜂幼虫

蔷薇三节叶蜂成虫

大猿叶甲

小猿叶甲

透翅天蛾幼虫

4. 抗风桐虫害

斜纹夜蛾

大猿叶甲

小猿叶甲

绿鳞象甲

5. 大叶榄仁虫害

小绿叶蝉

棕榈蓟马

绿鳞象甲

大猿叶甲

小猿叶甲

斜纹夜蛾

蔷薇三节叶蜂幼虫

蔷薇三节叶蜂成虫

柑橘潜叶蛾

6. 橙花破布木虫害

绿鳞象甲

蔷薇三节叶蜂幼虫

蔷薇三节叶蜂成虫

朱砂叶螨

二斑叶螨

7. 海滨木巴戟虫害

黄蓟马　棕榈蓟马

大猿叶甲　小猿叶甲

斜纹夜蛾

绿鳞象甲

黄曲条跳甲

小绿叶蝉

棉蚜

蔷薇三节叶蜂幼虫

蔷薇三节叶蜂成虫

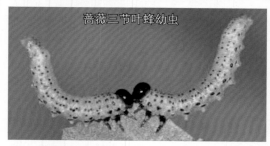

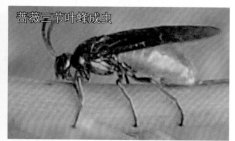

朱砂叶螨

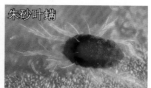

二斑叶螨

8. 马缨丹虫害

黄曲条跳甲　象鼻虫　大猿叶甲　小猿叶甲

蔷薇三节叶蜂幼虫

蔷薇三节叶蜂成虫

第二章

园林绿化植物虫害原色图谱

1. 椰子虫害

椰心叶甲

白蛎蚧

朱砂叶螨

埃及吹绵蚧

波氏白背盾蚧

2. 散尾葵虫害

朱砂叶螨

白蛎蚧

3. 林刺葵虫害

椰心叶甲

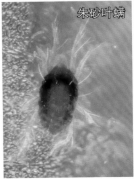
朱砂叶螨

白蛎蚧

4. 蒲葵虫害

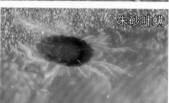
朱砂叶螨

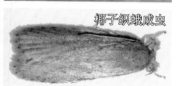
椰子织蛾成虫

椰子织蛾幼虫

5. 扇叶露兜树虫害

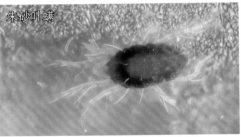

朱砂叶螨

波氏白背盾蚧

埃及吹绵蚧

6. 鱼尾葵虫害

朱砂叶螨

7. 小叶榄仁虫害

绿鳞象甲

象鼻虫

大猿叶甲

小猿叶甲

咖啡豉胸天牛

8. 秋枫虫害

小绿叶蝉

绿鳞象甲

瘿蜂

9. 海人树虫害

朱砂叶螨

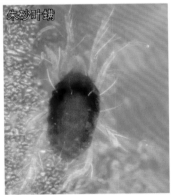

大猿叶甲

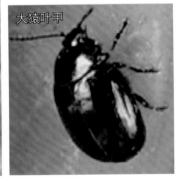

10. 黄花梨虫害

绿鳞象甲　象鼻虫　大猿叶甲　小猿叶甲

11. 南洋楹虫害

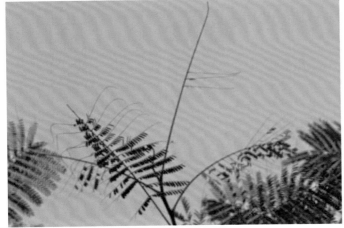

尺蠖

12. 黄槐决明虫害

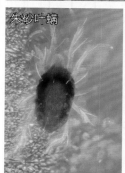
朱砂叶螨

绿鳞象甲

大猿叶甲

13. 大花紫薇虫害

黄蓟马

棕榈蓟马

朱砂叶螨

绿鳞象甲

小绿叶蝉

14. 鸡冠刺桐虫害

绿鳞象甲

大猿叶甲

小猿叶甲

黄曲条跳甲

15. 黄槿虫害

大猿叶甲

黄曲条跳甲

绿鳞象甲

16. 琴叶珊瑚虫害

朱砂叶螨　棉蚜　烟粉虱　黄蓟马　棕榈蓟马　木瓜秀粉蚧

17. 金虎尾虫害

大猿叶甲　小猿叶甲

黄曲条跳甲　朱砂叶螨

18. 红厚壳虫害

朱砂叶螨

木瓜秀粉蚧

扶桑绵粉蚧

棉蚜

蔷薇三节叶蜂成虫

19. 橡皮榕虫害

绿鳞象甲　　朱砂叶螨

20. 垂叶榕虫害

榕蓟马

21. 金钱榕虫害

木瓜秀粉蚧

蔷薇三节叶蜂幼虫

蔷薇三节叶蜂成虫

大猿叶甲

小猿叶甲

朱砂叶螨

22. 澳洲鸭脚木虫害

黄蓟马　棕榈蓟马　大猿叶甲　小猿叶甲

朱砂叶螨　绿鳞象甲　小绿叶蝉

23. 红车虫害

朱砂叶螨

大猿叶甲

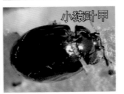

小猿叶甲

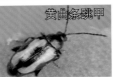

黄曲条跳甲

24. 苏铁虫害

考氏白盾蚧

苏铁白轮盾蚧

25.福建茶虫害

大猿叶甲

小猿叶甲

象鼻虫

木瓜秀粉蚧

绿鳞象甲

26. 鸡蛋花虫害

木瓜秀粉蚧

棉蚜

朱砂叶螨

二斑叶螨

27. 三角梅虫害

绿鳞象甲

朱砂叶螨

28. 欧洲夹竹桃虫害

木瓜秀粉蚧

大猿叶甲　小猿叶甲

绿鳞象甲　黄曲条跳甲

朱砂叶螨

29. 夜来香虫害

大猿叶甲

小猿叶甲

黄曲条跳甲

朱砂叶螨

棕榈蓟马

30. 九里香虫害

大猿叶甲

朱砂叶螨

黄曲条跳甲

小猿叶甲

二斑叶螨

象鼻虫

31. 丹顶鹤蕉虫害

朱砂叶螨

二斑叶螨

32．旅人蕉虫害

朱砂叶螨

木瓜秀粉蚧

33. 竹子虫害

朱砂叶螨

竹象鼻虫

竹蚜

贺氏线盾蚧

34. 扶桑虫害

扶桑绵粉蚧

棉蚜　黄蓟马　棕榈蓟马

烟粉虱

朱砂叶螨

二斑叶螨

绿鳞象甲

35. 红苋虫害

棉蚜

烟粉虱

扶桑绵粉蚧　黄曲条跳甲

大猿叶甲　　小猿叶甲　　棕榈蓟马

36. 拟美英虫害

大猿叶甲

小猿叶甲

黄曲条跳甲

棉蚜

朱砂叶螨

二斑叶螨

木瓜秀粉蚧

37. 变叶木虫害

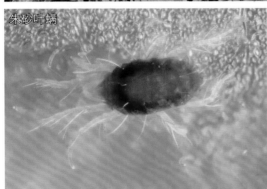

朱砂叶螨

绿鳞象甲

黄曲条跳甲

大猿叶甲

小猿叶甲

38. 大叶龙船虫害

木瓜秀粉蚧

绿鳞象甲

黄曲条跳甲

大猿叶甲

小猿叶甲

朱砂叶螨

39. 小叶龙船虫害

木瓜秀粉蚧

朱砂叶螨

绿鳞象甲

黄曲条跳甲

大猿叶甲

小猿叶甲

40. 鹅掌藤虫害

木瓜秀粉蚧

绿鳞象甲

斜纹夜蛾

朱砂叶螨

41.灰莉虫害

绿鳞象甲　大猿叶甲　黄曲条跳甲　小猿叶甲　朱砂叶螨

42. 剑麻虫害

新菠萝灰粉蚧

朱砂叶螨

43. 金边龙舌兰虫害

新菠萝灰粉蚧

埃及吹绵蚧

埃及吹绵蚧

朱砂叶螨

44. 芦荟虫害

木瓜秀粉蚧

朱砂叶螨

45. 彩春峰虫害

新菠萝灰粉蚧

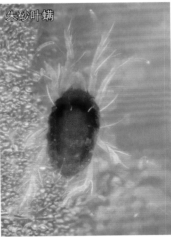

朱砂叶螨

46. 水鬼蕉虫害

朱砂叶螨

黄曲条跳甲

47. 龙血树虫害

大猿叶甲

小猿叶甲

黄曲条跳甲

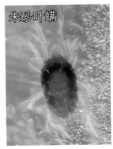
朱砂叶螨

48. 太阳花虫害

大猿叶甲　　小猿叶甲　　黄曲条跳甲　　朱砂叶螨

扶桑绵粉蚧

49. 兰花草虫害

黄曲条跳甲

象鼻虫

大猿叶甲

小猿叶甲

朱砂叶螨

50. 曼陀罗虫害

大猿叶甲　　蔷薇三节叶蜂幼虫　　黄曲条跳甲

小猿叶甲　　蔷薇三节叶蜂成虫

凤蝶幼虫　　茄二十八星瓢虫

扶桑绵粉蚧　　木瓜秀粉蚧

美洲斑潜蝇

棉蚜

二斑叶螨

朱砂叶螨

黄蓟马

烟粉虱

棕榈蓟马

51. 长春花虫害

黄曲条跳甲

象鼻虫

大猿叶甲

小猿叶甲

52. 海芋虫害

53. 合果芋虫害

棕榈蓟马

黄蓟马

朱砂叶螨

大猿叶甲

小猿叶甲

烟粉虱

黄曲条跳甲

54. 长管牵牛虫害

大猿叶甲　小猿叶甲　棕榈蓟马

黄曲条跳甲　烟粉虱　朱砂叶螨　二斑叶螨　黄蓟马

55. 假连翘虫害

木瓜秀粉蚧

扶桑绵粉蚧

绿鳞象甲

朱砂叶螨

56. 万年青虫害

黄曲条跳甲

象鼻虫

大猿叶甲

小猿叶甲

朱砂叶螨

57. 金钱树虫害

黄曲条跳甲

象鼻虫

大猿叶甲

小猿叶甲

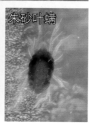
朱砂叶螨

第三章

耐盐果蔬虫害原色图谱

1. 西瓜虫害

棕榈蓟马

黄蓟马

烟粉虱

棉蚜

美洲斑潜蝇

黄守瓜

二斑叶螨

瓜实蝇

2. 香瓜虫害

棕榈蓟马　烟粉虱　棉蚜　黄蓟马

黄守瓜　美洲斑潜蝇　二斑叶螨

瓜实蝇

3. 黄瓜虫害

4. 冬瓜虫害

5. 葫芦瓜虫害

棕榈蓟马　黄蓟马　烟粉虱　棉蚜　黄守瓜

6. 苦瓜虫害

瓜实蝇

美洲斑潜蝇

棉蚜

棕榈蓟马

黄蓟马

7. 丝瓜虫害

8. 南瓜虫害

棉蚜

黄守瓜

烟粉虱

棕榈蓟马

黄蓟马

瓜实蝇

美洲斑潜蝇

9. 辣椒虫害

棕榈蓟马

黄蓟马

烟粉虱

桃蚜

茶黄螨

美洲斑潜蝇

10. 茄子虫害

黄曲条跳甲　　大猿叶甲　　小猿叶甲　　美洲斑潜蝇

黄蓟马

棕榈蓟马

茄无网蚜

朱砂叶螨

烟粉虱

木瓜秀粉蚧

扶桑绵粉蚧

11. 龙葵虫害

棕榈蓟马

黄蓟马

棉蚜

二斑叶螨

扶桑绵粉蚧

大猿叶甲

小猿叶甲

黄曲条跳甲

美洲斑潜蝇

12. 番茄虫害

黄蓟马　美洲斑潜蝇　烟粉虱

朱砂叶螨

棕榈蓟马

二斑叶螨

13. 豇豆虫害

美洲斑潜蝇

豆大蓟马

14. 大白菜虫害

小菜蛾幼虫

小菜蛾成虫

烟粉虱

15. 小白菜虫害

黄曲条跳甲

大猿叶甲

小猿叶甲

菜蚜

烟粉虱

美洲斑潜蝇

16. 空心菜虫害

烟粉虱　黄曲条跳甲

棕榈蓟马　黄蓟马

棉蚜　朱砂叶螨

二斑叶螨

大猿叶甲　小猿叶甲

17. 百花菜虫害

大猿叶甲

小猿叶甲

黄曲条跳甲

美洲斑潜蝇

棉蚜

烟粉虱

木瓜秀粉蚧

扶桑绵粉蚧

黄蓟马

朱砂叶螨

棕榈蓟马

二斑叶螨

18. 小芹菜虫害

美洲斑潜蝇

大猿叶甲　　小猿叶甲　　黄曲条跳甲　　烟粉虱

19. 鹿舌菜虫害

大猿叶甲　　小猿叶甲　　黄曲条跳甲　　　　　　棉蚜　烟粉虱

20. 蕨菜虫害

斜纹夜蛾

黄曲条跳甲

烟粉虱

21. 落葵虫害

22. 野苋菜虫害

大猿叶甲

小猿叶甲

黄曲条跳甲

棉蚜

烟粉虱

23. 甘薯虫害

大猿叶甲

小猿叶甲

木瓜秀粉蚧

朱砂叶螨

烟粉虱

24. 玉米虫害

玉米螟成虫

玉米螟幼虫

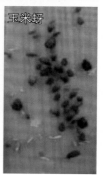

玉米蚜

25. 甘蔗虫害

26. 木瓜虫害

木瓜秀粉蚧

朱砂叶螨

27. 番石榴虫害

棕榈蓟马　黄蓟马　木瓜秀粉蚧　扶桑绵粉蚧　朱砂叶螨　大猿叶甲　小猿叶甲　绿鳞象甲　象鼻虫

28. 柑橘虫害

大猿叶甲

小猿叶甲

柑橘全爪螨

红蜡蚧

柑橘潜叶甲

光肩星天牛

稻绿蝽

九香虫

六星吉丁虫

29. 莲雾虫害

大猿叶甲

小猿叶甲

棕榈蓟马

黄蓟马

绿鳞象甲

朱砂叶螨

30. 龙珠果虫害

大猿叶甲

小猿叶甲

黄曲条跳甲

烟粉虱

棕榈蓟马

黄蓟马

棉蚜

朱砂叶螨

二斑叶螨

31. 蓖麻虫害

小绿叶蝉

黄蓟马

烟粉虱

棕榈蓟马

绿鳞象甲

美洲斑潜蝇

朱砂叶螨

二斑叶螨

木瓜秀粉蚧

斜纹夜蛾

第四章

绿色固沙植物虫害原色图谱

1. 厚藤虫害

朱砂叶螨

黄曲条跳甲

大猿叶甲

小猿叶甲

2. 蟛蜞菊虫害

烟粉虱

朱砂叶螨

二斑叶螨

扶桑绵粉蚧

棉蚜

黄蓟马

棕榈蓟马

大猿叶甲

小猿叶甲

蔷薇三节叶蜂幼虫

黄曲条跳甲

蔷薇三节叶蜂成虫

3. 孪花蟛蜞菊虫害

扶桑绵粉蚧

烟粉虱

朱砂叶螨

二斑叶螨

黄蓟马

棕榈蓟马

棉蚜

美洲斑潜蝇

大猿叶甲

小猿叶甲

蔷薇三节叶蜂幼虫

蔷薇三节叶蜂成虫

黄曲条跳甲

4. 飞机草虫害

黄蓟马

棕榈蓟马

扶桑绵粉蚧

棉蚜

美洲斑潜蝇

蔷薇三节叶蜂幼虫

蔷薇三节叶蜂成虫

朱砂叶螨

二斑叶螨

烟粉虱

5. 赛葵虫害

扶桑绵粉蚧

大猿叶甲

小猿叶甲

黄曲条跳甲

棕榈蓟马

黄蓟马

棉蚜

二斑叶螨

6. 黄花稔虫害

大猿叶甲

小猿叶甲

黄曲条跳甲

朱砂叶螨

棉蚜

烟粉虱

黄蓟马

棕榈蓟马

7. 海刀豆虫害

朱砂叶螨

二斑叶螨

黄蓟马

棕榈蓟马

大猿叶甲

小猿叶甲

8. 海滨大戟虫害

大猿叶甲　黄蓟马　棕榈蓟马　黄曲条跳甲

小猿叶甲　朱砂叶螨　烟粉虱

9. 空心莲子草虫害

大猿叶甲　　小猿叶甲　　黄曲条跳甲　　朱砂叶螨

10. 马齿苋虫害

大猿叶甲

小猿叶甲

黄曲条跳甲

朱砂叶螨

美洲斑潜蝇

烟粉虱

11. 假海马齿虫害

大猿叶甲

小猿叶甲

黄曲条跳甲

朱砂叶螨

美洲斑潜蝇

烟粉虱

12. 锦绣苋虫害

大猿叶甲

小猿叶甲

黄曲条跳甲

朱砂叶螨

棉蚜

木瓜秀粉蚧

扶桑绵粉蚧

烟粉虱

13. 蒺藜虫害

美洲斑潜蝇

大猿叶甲

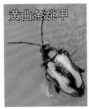
黄曲条跳甲

绿鳞象甲

朱砂叶螨

14. 刺桐虫害

蔷薇三节叶蜂幼虫

蔷薇三节叶蜂成虫

大猿叶甲　　小猿叶甲　　小绿叶蝉

绿鳞象甲

15. 苘麻虫害

烟粉虱　朱砂叶螨　黄曲条跳甲　大猿叶甲　小猿叶甲

16. 猩猩草虫害

大猿叶甲

小猿叶甲

黄曲条跳甲

烟粉虱

棉蚜

朱砂叶螨

17. 飞扬草虫害

大猿叶甲　小猿叶甲　棕榈蓟马

黄蓟马　黄曲条跳甲　朱砂叶螨　烟粉虱

扶桑绵粉蚧　棉蚜

18. 草胡椒虫害

棉蚜

大猿叶甲

小猿叶甲

黄蓟马

朱砂叶螨

黄曲条跳甲

棕榈蓟马

烟粉虱

19. 鬼针草虫害

大猿叶甲　　小猿叶甲　　棉蚜　　烟粉虱

黄曲条跳甲　　棕榈蓟马　　黄蓟马　　朱砂叶螨　　二斑叶螨

20. 假马鞭虫害

黄蓟马

棕榈蓟马

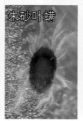
朱砂叶螨

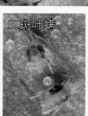
二斑叶螨

棉蚜

烟粉虱

21. 臭矢菜虫害

黄蓟马　棕榈蓟马　棉蚜　烟粉虱　朱砂叶螨

二斑叶螨　大猿叶甲　小猿叶甲　黄曲条跳甲

美洲斑潜蝇　扶桑绵粉蚧

蔷薇三节叶蜂幼虫　蔷薇三节叶蜂成虫

22. 细穗草虫害

黄曲条跳甲

蛴螬

附　录

永兴岛118种岛礁植物害虫名录

永兴岛118种岛礁植物害虫名录

序号	寄主	害虫（螨）种类	分类	为害部位	严重度
		野生盐生植物害虫			
1	草海桐	大猿叶甲 *Colaphellus bowringi*	鞘翅目	叶	+++
		小猿叶甲 *Phaedon brassicae*	鞘翅目	叶	++
		黄曲条跳甲 *Phyllotreta striolata*	鞘翅目	叶	+++
		绿鳞象甲 *Hypomeces squamosus*	鞘翅目	叶	++
		蔷薇三节叶蜂 *Arge geei*	膜翅目	叶	++++
		棉蚜 *Aphis gossypii*	半翅目	叶	+++
		美洲斑潜蝇 *Liriomyza sativae*	双翅目	叶	++++
2	银毛树	拟三色星灯蛾 *Utetheisa lotrix*	鳞翅目	叶	++++
		大猿叶甲 *Colaphellus bowringi*	鞘翅目	叶	+++
		小猿叶甲 *Phaedon brassicae*	鞘翅目	叶	++
		黄曲条跳甲 *Phyllotreta striolata*	鞘翅目	叶	+++
		扶桑绵粉蚧 *Phenacoccus solenopsis*	半翅目	叶、茎、花	++++
3	海岸桐	蔷薇三节叶蜂 *Arge geei*	膜翅目	叶	+++
		透翅天蛾 *Cephonodes*	鳞翅目	叶	++++
		木瓜秀粉蚧 *Paracoccus marginatus*	半翅目	叶、茎、花	+++
		小绿叶蝉 *Empoasca flavescens*	半翅目	叶	++
		绿鳞象甲 *Hypomeces squamosus*	鞘翅目	叶	+++
		大猿叶甲 *Colaphellus bowringi*	鞘翅目	叶	++
		小猿叶甲 *Phaedon brassicae*	鞘翅目	叶	+
4	抗风桐	斜纹夜蛾 *Spodoptera litura*	鳞翅目	叶、茎	+++
		大猿叶甲 *Colaphellus bowringi*	鞘翅目	叶	++
		小猿叶甲 *Phaedon brassicae*	鞘翅目	叶	+
		绿鳞象甲 *Hypomeces squamosus*	鞘翅目	叶	+++
5	大叶榄仁	小绿叶蝉 *Empoasca flavescens*	半翅目	叶	++
		棕榈蓟马 *Thrips palmi*	缨翅目	叶	++

（续表）

序号	寄主	害虫（螨）种类	分类	为害部位	严重度
5	大叶榄仁	绿鳞象甲 *Hypomeces squamosus*	鞘翅目	叶	+++
		大猿叶甲 *Colaphellus bowringi*	鞘翅目	叶	++
		小猿叶甲 *Phaedon brassicae*	鞘翅目	叶	+
		斜纹夜蛾 *Spodoptera litura*	鳞翅目	叶	+
		蔷薇三节叶蜂 *Arge geei*	膜翅目	叶	+++
		柑橘潜叶蛾 *Phyllocnistis citrella*	鳞翅目	叶	+++
6	橙花破布木	绿鳞象甲 *Hypomeces squamous*	鞘翅目	叶	+++
		蔷薇三节叶蜂 *Arge geei*	膜翅目	叶	++
		朱砂叶螨 *Tetranychus cinnabarinus*	真螨目	叶	+++
		二斑叶螨 *Tetranychus urticae*	蜱螨目	叶	+++
7	海滨木巴戟	黄蓟马 *Thrips flavus*	缨翅目	叶、茎、花	+++
		棕榈蓟马 *Thrips palmi*	缨翅目	叶、茎、花	+++
		大猿叶甲 *Colaphellus bowringi*	鞘翅目	叶	+++
		小猿叶甲 *Phaedon brassicae*	鞘翅目	叶	+
		黄曲条跳甲 *Phyllotreta striolata*	鞘翅目	叶	++
		绿鳞象甲 *Hypomeces squamosus*	鞘翅目	叶	+++
		棉蚜 *Aphis gossypii*	半翅目	叶、茎、花	+++
		小绿叶蝉 *Empoasca flavescens*	半翅目	叶	++
		蔷薇三节叶蜂 *Arge geei*	膜翅目	叶	++
		斜纹夜蛾 *Spodoptera litura*	鳞翅目	叶	++
		朱砂叶螨 *Tetranychus cinnabarinus*	真螨目	叶	+++
		二斑叶螨 *Tetranychus urticae*	蜱螨目	叶	+++
8	马缨丹	黄曲条跳甲 *Phyllotreta striolata*	鞘翅目	叶	++
		象鼻虫 *Elaeidobius kamerunicus*	鞘翅目	叶	+
		大猿叶甲 *Colaphellus bowringi*	鞘翅目	叶	++
		小猿叶甲 *Phaedon brassicae*	鞘翅目	叶	+
		蔷薇三节叶蜂 *Arge geei*	膜翅目	叶	+++

（续表）

序号	寄主	害虫（螨）种类	分类	为害部位	严重度
		园林绿化植物害虫			
9	椰子	椰心叶甲 Brontispa longissima	鞘翅目	叶	+++
		白蛎蚧 Aonidomytilus albus	半翅目	叶	++++
		埃及吹绵蚧 Icerya aegyptiaca	半翅目	叶	++++
		波氏白背盾蚧 Diaspis boisduvalii	半翅目	叶	++++
		朱砂叶螨 Tetranychus cinnabarinus	真螨目	叶	++++
10	散尾葵	朱砂叶螨 Tetranychus cinnabarinus	真螨目	叶	++++
		白蛎蚧 Aonidomytilus albus	半翅目	叶	++++
11	林刺葵	椰心叶甲 Brontispa longissima	鞘翅目	叶	++++
		白蛎蚧 Aonidomytilus albus	半翅目	叶	++++
		朱砂叶螨 Tetranychus cinnabarinus	真螨目	叶	++++
12	蒲葵	朱砂叶螨 Tetranychus cinnabarinus	真螨目	叶	++++
		椰子织蛾 Opisina arenosella	鳞翅目	叶	++++
13	扇叶露兜树	朱砂叶螨 Tetranychus cinnabarinus	真螨目	叶	++++
		埃及吹绵蚧 Icerya aegyptiaca	半翅目	叶	++++
		波氏白背盾蚧 Diaspis boisduvalii	半翅目	叶	++++
14	鱼尾葵	朱砂叶螨 Tetranychus cinnabarinus	真螨目	叶	++++
15	小叶榄仁	绿鳞象甲 Hypomeces squamosus	鞘翅目	叶	++
		象鼻虫 Elaeidobius kamerunicus	鞘翅目	叶	+
		大猿叶甲 Colaphellus bowringi	鞘翅目	叶	+
		小猿叶甲 Phaedon brassicae	鞘翅目	叶	+
		咖啡皱胸天牛 Neoplocaederus obesus	鞘翅目	茎	+++
16	秋枫	小绿叶蝉 Empoasca flavescens	半翅目	叶	++
		绿鳞象甲 Hypomeces squamosus	鞘翅目	叶	++
		瘿蜂 Cynipinae	膜翅目	叶	+++
17	海人树	朱砂叶螨 Tetranychus cinnabarinus	真螨目	叶	++
		大猿叶甲 Colaphellus bowringi	鞘翅目	叶	++
18	黄花梨	绿鳞象甲 Hypomeces squamosus	鞘翅目	叶	++
		象鼻虫 Elaeidobius kamerunicus	鞘翅目	叶	+

（续表）

序号	寄主	害虫（螨）种类	分类	为害部位	严重度
18	黄花梨	大猿叶甲 *Colaphellus bowringi*	鞘翅目	叶	++
		小猿叶甲 *Phaedon brassicae*	鞘翅目	叶	+
19	南洋楹	尺蠖 Geometridae	鳞翅目	叶	+++
20	黄槐决明	朱砂叶螨 *Tetranychus cinnabarinus*	真螨目	叶	+++
		绿鳞象甲 *Hypomeces squamosus*	鞘翅目	叶	+++
		大猿叶甲 *Colaphellus bowringi*	鞘翅目	叶	++
21	大花紫薇	黄蓟马 *Thrips flavus*	缨翅目	叶、茎、花	+++
		棕榈蓟马 *Thrips palmi*	缨翅目	叶、茎、花	+++
		绿鳞象甲 *Hypomeces squamosus*	鞘翅目	叶	++
		小绿叶蝉 *Empoasca flavescens*	半翅目	叶	++
		朱砂叶螨 *Tetranychus cinnabarinus*	真螨目	叶	++++
22	鸡冠刺桐	绿磷象甲 *Hypomeces squamosus*	鞘翅目	叶	+++
		大猿叶甲 *Colaphellus bowringi*	鞘翅目	叶	+++
		小猿叶甲 *Phaedon brassicae*	鞘翅目	叶	+
		黄曲条跳甲 *Phyllotreta striolata*	鞘翅目	叶	+++
23	黄槿	大猿叶甲 *Colaphellus bowringi*	鞘翅目	叶	++
		黄曲条跳甲 *Phyllotreta striolata*	鞘翅目	叶	++
		绿鳞象甲 *Hypomeces squamosus*	鞘翅目	叶	++++
24	琴叶珊瑚	木瓜秀粉蚧 *Paracoccus marginatus*	半翅目	叶、茎、花	++++
		棉蚜 *Aphis gossypii*	半翅目	叶	++++
		烟粉虱 *Bemisia tabaci*	半翅目	叶、茎、花	++
		黄蓟马 *Thrips flavus*	缨翅目	叶、茎、花	++
		棕榈蓟马 *Thrips palmi*	缨翅目	叶、茎、花	++
		朱砂叶螨 *Tetranychus cinnabarinus*	真螨目	叶	+++
25	金虎尾	大猿叶甲 *Colaphellus bowringi*	鞘翅目	叶	++
		小猿叶甲 *Phaedon brassicae*	鞘翅目	叶	+
		黄曲条跳甲 *Phyllotreta striolata*	鞘翅目	叶	++
		朱砂叶螨 *Tetranychus cinnabarinus*	真螨目	叶	+++

（续表）

序号	寄主	害虫（螨）种类	分类	为害部位	严重度
26	红厚壳	木瓜秀粉蚧 *Paracoccus marginatus*	半翅目	叶	+++
		扶桑绵粉蚧 *Phenacoccus solenopsis*	半翅目	叶、茎、花	+++
		棉蚜 *Aphis gossypii*	半翅目	叶	++
		蔷薇三节叶蜂 *Arge geei*	膜翅目	叶	++
		朱砂叶螨 *Tetranychus cinnabarinus*	真螨目	叶	+++
27	橡皮榕	绿鳞象甲 *Hypomeces squamosus*	鞘翅目	叶	++
		朱砂叶螨 *Tetranychus cinnabarinus*	真螨目	叶	++
28	垂叶榕	榕蓟马 *Gynaikothrips ficorum*	缨翅目	叶	++++
29	金钱榕	木瓜秀粉蚧 *Paracoccus marginatus*	半翅目	叶、茎、花	++++
		蔷薇三节叶蜂 *Arge geei*	膜翅目	叶	++
		大猿叶甲 *Colaphellus bowringi*	鞘翅目	叶	++
		小猿叶甲 *Phaedon brassicae*	鞘翅目	叶	+
		朱砂叶螨 *Tetranychus cinnabarinus*	真螨目	叶	+++
30	澳洲鸭脚木	黄蓟马 *Thrips flavus*	缨翅目	叶、茎、花	++
		棕榈蓟马 *Thrips palmi*	缨翅目	叶、茎、花	++
		大猿叶甲 *Colaphellus bowringi*	鞘翅目	叶	++
		小猿叶甲 *Phaedon brassicae*	鞘翅目	叶	+
		绿鳞象甲 *Hypomeces squamosus*	鞘翅目	叶	++
		小绿叶蝉 *Empoasca flavescens*	半翅目	叶	++
		朱砂叶螨 *Tetranychus cinnabarinus*	真螨目	叶	+++
31	红车	朱砂叶螨 *Tetranychus cinnabarinus*	真螨目	叶	++++
		大猿叶甲 *Colaphellus bowringi*	鞘翅目	叶	++
		小猿叶甲 *Phaedon brassicae*	鞘翅目	叶	+
		黄曲条跳甲 *Phyllotreta striolata*	鞘翅目	叶	+++
32	苏铁	考氏白盾蚧 *Pseudaulacaspis cockerelli*	半翅目	叶	++++
		苏铁白轮盾蚧 *Aulacaspis yasumatsui*	半翅目	叶	++++
33	福建茶	木瓜秀粉蚧 *Paracoccus marginatus*	半翅目	叶	+++
		大猿叶甲 *Colaphellus bowringi*	鞘翅目	叶	++

（续表）

序号	寄主	害虫（螨）种类	分类	为害部位	严重度
33	福建茶	小猿叶甲 *Phaedon brassicae*	鞘翅目	叶	+
		象鼻虫 *Elaeidobius kamerunicus*	鞘翅目	叶	+
		绿鳞象甲 *Hypomeces squamosus*	鞘翅目	叶	++
34	鸡蛋花	木瓜秀粉蚧 *Paracoccus marginatus*	半翅目	叶、茎、花	++++
		棉蚜 *Aphis gossypii*	半翅目	叶、花	++++
		朱砂叶螨 *Tetranychus cinnabarinus*	真螨目	叶	+++
		二斑叶螨 *Tetranychus urticae*	蜱螨目	叶	+++
35	三角梅	绿鳞象甲 *Hypomeces squamosus*	鞘翅目	叶	++
		朱砂叶螨 *Tetranychus cinnabarinus*	真螨目	叶	++++
36	欧洲夹竹桃	木瓜秀粉蚧 *Paracoccus marginatus*	半翅目	叶、茎、花	+++
		大猿叶甲 *Colaphellus bowringi*	鞘翅目	叶	++
		小猿叶甲 *Phaedon brassicae*	鞘翅目	叶	+
		黄曲条跳甲 *Phyllotreta striolata*	鞘翅目	叶	++
		绿鳞象甲 *Hypomeces squamosus*	鞘翅目	叶	++
		朱砂叶螨 *Tetranychus cinnabarinus*	真螨目	叶	+++
37	夜来香	大猿叶甲 *Colaphellus bowringi*	鞘翅目	叶	++
		小猿叶甲 *Phaedon brassicae*	鞘翅目	叶	+
		黄曲条跳甲 *Phyllotreta striolata*	鞘翅目	叶	+
		棕榈蓟马 *Thrips palmi*	缨翅目	叶、茎、花	++
		朱砂叶螨 *Tetranychus cinnabarinus*	真螨目	叶	+++
38	九里香	朱砂叶螨 *Tetranychus cinnabarinus*	真螨目	叶	+++
		二斑叶螨 *Tetranychus urticae*	蜱螨目	叶	+++
		大猿叶甲 *Colaphellus bowringi*	鞘翅目	叶	+
		小猿叶甲 *Phaedon brassicae*	鞘翅目	叶	+
		黄曲条跳甲 *Phyllotreta striolata*	鞘翅目	叶	++
		象鼻虫 *Elaeidobius kamerunicus*	鞘翅目	叶	+
39	丹顶鹤蕉	朱砂叶螨 *Tetranychus cinnabarinus*	真螨目	叶	+++
		二斑叶螨 *Tetranychus urticae*	蜱螨目	叶	+++

（续表）

序号	寄主	害虫（螨）种类	分类	为害部位	严重度
40	旅人蕉	朱砂叶螨 *Tetranychus cinnabarinus*	真螨目	叶	+++
		木瓜秀粉蚧 *Paracoccus marginatus*	半翅目	叶、茎、花	+++
41	竹子	朱砂叶螨 *Tetranychus cinnabarinus*	真螨目	叶	+++
		竹象鼻虫 *Cyrtotrachelus longimanus*	鞘翅目	叶	++
		竹蚜 *Astegopteryx bambusae*	半翅目	叶	+++
		贺氏线盾蚧 *Kuwanaspis howardi*	半翅目	叶	+++
42	扶桑	扶桑绵粉蚧 *Phenacoccus solenopsis*	半翅目	叶、茎、花	++++
		棉蚜 *Aphis gossypii*	半翅目	叶、茎、花	++++
		黄蓟马 *Thrips flavus*	缨翅目	叶、茎、花	++
		棕榈蓟马 *Thrips palmi*	缨翅目	叶、茎、花	++
		烟粉虱 *Bemisia tabaci*	半翅目	叶、茎、花	++
		绿鳞象甲 *Hypomeces squamosus*	鞘翅目	叶	++
		朱砂叶螨 *Tetranychus cinnabarinus*	真螨目	叶	++++
		二斑叶螨 *Tetranychus urticae*	蜱螨目	叶	++++
43	红苋	棉蚜 *Aphis gossypii*	半翅目	叶	+++
		烟粉虱 *Bemisia tabaci*	半翅目	叶、茎、花	++
		扶桑绵粉蚧 *Phenacoccus solenopsis*	半翅目	叶、茎、花	++++
		大猿叶甲 *Colaphellus bowringi*	鞘翅目	叶	++
		小猿叶甲 *Phaedon brassicae*	鞘翅目	叶	+
		黄曲条跳甲 *Phyllotreta striolata*	鞘翅目	叶	++
		棕榈蓟马 *Thrips palmi*	缨翅目	叶、茎、花	++
44	拟美英	大猿叶甲 *Colaphellus bowringi*	鞘翅目	叶	++
		小猿叶甲 *Phaedon brassicae*	鞘翅目	叶	+
		黄曲条跳甲 *Phyllotreta striolata*	鞘翅目	叶	+
		棉蚜 *Aphis gossypii*	半翅目	叶、茎、花	+++
		木瓜秀粉蚧 *Paracoccus marginatus*	半翅目	叶、茎、花	++++
		朱砂叶螨 *Tetranychus cinnabarinus*	真螨目	叶	+++
		二斑叶螨 *Tetranychus urticae*	蜱螨目	叶	+++

（续表）

序号	寄主	害虫（螨）种类	分类	为害部位	严重度
45	变叶木	朱砂叶螨 *Tetranychus cinnabarinus*	真螨目	叶	++
		绿鳞象甲 *Hypomeces squamosus*	鞘翅目	叶	++
		黄曲条跳甲 *Phyllotreta striolata*	鞘翅目	叶	+
		大猿叶甲 *Colaphellus bowringi*	鞘翅目	叶	+
		小猿叶甲 *Phaedon brassicae*	鞘翅目	叶	+
46	大叶龙船	木瓜秀粉蚧 *Paracoccus marginatus*	半翅目	叶、茎、花	+++
		绿鳞象甲 *Hypomeces squamosus*	鞘翅目	叶	++
		黄曲条跳甲 *Phyllotreta striolata*	鞘翅目	叶	++
		大猿叶甲 *Colaphellus bowringi*	鞘翅目	叶	++
		小猿叶甲 *Phaedon brassicae*	鞘翅目	叶	+
		朱砂叶螨 *Tetranychus cinnabarinus*	真螨目	叶	+++
47	小叶龙船	朱砂叶螨 *Tetranychus cinnabarinus*	真螨目	叶	+++
		木瓜秀粉蚧 *Paracoccus marginatus*	半翅目	叶	+++
		绿鳞象甲 *Hypomeces squamosus*	鞘翅目	叶	++
		黄曲条跳甲 *Phyllotreta striolata*	鞘翅目	叶	++
		大猿叶甲 *Colaphellus bowringi*	鞘翅目	叶	++
		小猿叶甲 *Phaedon brassicae*	鞘翅目	叶	+
48	鹅掌藤	木瓜秀粉蚧 *Paracoccus marginatus*	半翅目	叶、茎、花	+++
		绿鳞象甲 *Hypomeces squamosus*	鞘翅目	叶	++
		斜纹夜蛾 *Spodoptera litura*	鳞翅目	叶	++
		朱砂叶螨 *Tetranychus cinnabarinus*	真螨目	叶	+++
49	灰莉	绿鳞象甲 *Hypomeces squamosus*	鞘翅目	叶	+
		大猿叶甲 *Colaphellus bowringi*	鞘翅目	叶	+
		小猿叶甲 *Phaedon brassicae*	鞘翅目	叶	+
		黄曲条跳甲 *Phyllotreta striolata*	鞘翅目	叶	+
		朱砂叶螨 *Tetranychus cinnabarinus*	真螨目	叶	++
50	剑麻	新菠萝灰粉蚧 *Dysmicoccus neobrevipes*	半翅目	叶	++++
		朱砂叶螨 *Tetranychus cinnabarinus*	真螨目	叶	+++

（续表）

序号	寄主	害虫（螨）种类	分类	为害部位	严重度
51	金边龙舌兰	新菠萝灰粉蚧 *Dysmicoccus neobrevipes*	半翅目	叶、茎、花	++++
		埃及吹绵蚧 *Icerya aegyptiaca*	半翅目	叶、茎、花	++++
		朱砂叶螨 *Tetranychus cinnabarinus*	真螨目	叶	+++
52	芦荟	木瓜秀粉蚧 *Paracoccus marginatus*	半翅目	叶、茎、花	+++
		朱砂叶螨 *Tetranychus cinnabarinus*	真螨目	叶	+++
53	彩春峰	新菠萝灰粉蚧 *Dysmicoccus neobrevipes*	半翅目	叶、茎、花	++++
		朱砂叶螨 *Tetranychus cinnabarinus*	真螨目	叶	+++
54	水鬼蕉	朱砂叶螨 *Tetranychus cinnabarinus*	真螨目	叶	++
		黄曲条跳甲 *Phyllotreta striolata*	鞘翅目	叶	+
55	龙血树	大猿叶甲 *Colaphellus bowringi*	鞘翅目	叶	+
		小猿叶甲 *Phaedon brassicae*	鞘翅目	叶	+
		黄曲条跳甲 *Phyllotreta striolata*	鞘翅目	叶	+
		朱砂叶螨 *Tetranychus cinnabarinus*	真螨目	叶	++
56	太阳花	大猿叶甲 *Colaphellus bowringi*	鞘翅目	叶	+
		小猿叶甲 *Phaedon brassicae*	鞘翅目	叶	+
		黄曲条跳甲 *Phyllotreta striolata*	鞘翅目	叶	+
		扶桑绵粉蚧 *Phenacoccus solenopsis*	半翅目	叶、茎、花	++++
		朱砂叶螨 *Tetranychus cinnabarinus*	真螨目	叶	++
57	兰花草	黄曲条跳甲 *Phyllotreta striolata*	鞘翅目	叶	+
		象鼻虫 *Elaeidobius kamerunicus*	鞘翅目	叶	+
		大猿叶甲 *Colaphellus bowringi*	鞘翅目	叶	+
		小猿叶甲 *Phaedon brassicae*	鞘翅目	叶	+
		朱砂叶螨 *Tetranychus cinnabarinus*	真螨目	叶	+++
58	曼陀罗	大猿叶甲 *Colaphellus bowringi*	鞘翅目	叶	+++
		小猿叶甲 *Phaedon brassicae*	鞘翅目	叶	++
		蔷薇三节叶蜂 *Arge geei*	膜翅目	叶	+++
		黄曲条跳甲 *Phyllotreta striolata*	鞘翅目	叶	++++

（续表）

序号	寄主	害虫（螨）种类	分类	为害部位	严重度
58	曼陀罗	茄二十八星瓢虫 *Henosepilachna vigintioctopunctata*	鞘翅目	叶	++
		凤蝶 Papilionidae	鳞翅目	叶	+
		扶桑绵粉蚧 *Phenacoccus solenopsis*	半翅目	叶、茎、花	++++
		木瓜秀粉蚧 *Paracoccus marginatus*	半翅目	叶、茎、花	++++
		棉蚜 *Aphis gossypii*	半翅目	叶、茎、花	+++
		美洲斑潜蝇 *Liriomyza sativae*	双翅目	叶	++
		烟粉虱 *Bemisia tabaci*	半翅目	叶、茎、花	++++
		黄蓟马 *Thrips flavus*	缨翅目	叶、茎、花	++
		棕榈蓟马 *Thrips palmi*	缨翅目	叶、茎、花	++
		朱砂叶螨 *Tetranychus cinnabarinus*	真螨目	叶	++++
		二斑叶螨 *Tetranychus urticae*	蜱螨目	叶	++++
59	长春花	黄曲条跳甲 *Phyllotreta striolata*	鞘翅目	叶	+
		象鼻虫 *Elaeidobius kamerunicus*	鞘翅目	叶	+
		大猿叶甲 *Colaphellus bowringi*	鞘翅目	叶	+
		小猿叶甲 *Phaedon brassicae*	鞘翅目	叶	+
60	海芋	大猿叶甲 *Colaphellus bowringi*	鞘翅目	叶	+
		小猿叶甲 *Phaedon brassicae*	鞘翅目	叶	+
		朱砂叶螨 *Tetranychus cinnabarinus*	真螨目	叶	++
61	合果芋	棕榈蓟马 *Thrips palmi*	缨翅目	叶、茎、花	+
		黄蓟马 *Thrips flavus*	缨翅目	叶、茎、花	+
		朱砂叶螨 *Tetranychus cinnabarinus*	真螨目	叶	++
		大猿叶甲 *Colaphellus bowringi*	鞘翅目	叶	+
		小猿叶甲 *Phaedon brassicae*	鞘翅目	叶	+
		黄曲条跳甲 *Phyllotreta striolata*	鞘翅目	叶	++
		烟粉虱 *Bemisia tabaci*	半翅目	叶、茎、花	+
62	长管牵牛	大猿叶甲 *Colaphellus bowringi*	鞘翅目	叶	+++
		小猿叶甲 *Phaedon brassicae*	鞘翅目	叶	++

（续表）

序号	寄主	害虫（螨）种类	分类	为害部位	严重度
62	长管牵牛	黄曲条跳甲 *Phyllotreta striolata*	鞘翅目	叶	++++
		烟粉虱 *Bemisia tabaci*	半翅目	叶、茎、花	++
		黄蓟马 *Thrips flavus*	缨翅目	叶、茎、花	++
		棕榈蓟马 *Thrips palmi*	缨翅目	叶、茎、花	++
		朱砂叶螨 *Tetranychus cinnabarinus*	真螨目	叶	+++
		二斑叶螨 *Tetranychus urticae*	蜱螨目	叶	+++
63	假连翘	木瓜秀粉蚧 *Paracoccus marginatus*	半翅目	叶、茎、花	++++
		扶桑绵粉蚧 *Phenacoccus solenopsis*	半翅目	叶、茎、花	++++
		绿鳞象甲 *Hypomeces squamosus*	鞘翅目	叶	++
		朱砂叶螨 *Tetranychus cinnabarinus*	真螨目	叶	+++
64	万年青	黄曲条跳甲 *Phyllotreta striolata*	鞘翅目	叶	++
		象鼻虫 *Elaeidobius kamerunicus*	鞘翅目	叶	+
		大猿叶甲 *Colaphellus bowringi*	鞘翅目	叶	+
		小猿叶甲 *Phaedon brassicae*	鞘翅目	叶	+
		朱砂叶螨 *Tetranychus cinnabarinus*	真螨目	叶	++
65	金钱树	黄曲条跳甲 *Phyllotreta striolata*	鞘翅目	叶	+
		象鼻虫 *Elaeidobius kamerunicus*	鞘翅目	叶	+
		大猿叶甲 *Colaphellus bowringi*	鞘翅目	叶	+
		小猿叶甲 *Phaedon brassicae*	鞘翅目	叶	+
		朱砂叶螨 *Tetranychus cinnabarinus*	真螨目	叶	++
		耐盐果蔬害虫			
66	西瓜	棕榈蓟马 *Thrips palmi*	缨翅目	叶、茎、花	++++
		黄蓟马 *Thrips flavus*	缨翅目	叶、茎、花	++++
		烟粉虱 *Bemisia tabaci*	半翅目	叶、茎、花	++++
		棉蚜 *Aphis gossypii*	半翅目	叶、茎、花	++++
		美洲斑潜蝇 *Liriomyza sativae*	双翅目	叶	+++
		瓜实蝇 *Bactrocera cucuribitae*	双翅目	叶	+++
		黄守瓜 *Aulacophora indica*	鞘翅目	叶	+++

（续表）

序号	寄主	害虫（螨）种类	分类	为害部位	严重度
66	西瓜	二斑叶螨 *Tetranychus urticae*	蜱螨目	叶	++++
67	香瓜	棕榈蓟马 *Thrips palmi*	缨翅目	叶、茎、花	++++
		黄蓟马 *Thrips flavus*	缨翅目	叶、茎、花	++++
		烟粉虱 *Bemisia tabaci*	半翅目	叶、茎、花	++++
		棉蚜 *Aphis gossypii*	半翅目	叶、茎、花	++++
		黄守瓜 *Aulacophora indica*	鞘翅目	叶	++++
		美洲斑潜蝇 *Liriomyza sativae*	双翅目	叶	+++
		瓜实蝇 *Bactrocera cucuribitae*	双翅目	叶	++
		二斑叶螨 *Tetranychus urticae*	蜱螨目	叶	++++
68	黄瓜	棕榈蓟马 *Thrips palmi*	缨翅目	叶、茎、花	++++
		黄蓟马 *Thrips flavus*	缨翅目	叶、茎、花	++++
		烟粉虱 *Bemisia tabaci*	半翅目	叶、茎、花	++++
		棉蚜 *Aphis gossypii*	半翅目	叶、茎、花	++++
		美洲斑潜蝇 *Liriomyza sativae*	双翅目	叶	+++
		二斑叶螨 *Tetranychus urticae*	蜱螨目	叶	+++
		朱砂叶螨 *Tetranychus cinnabarinus*	真螨目	叶	+++
69	冬瓜	棉蚜 *Aphis gossypii*	半翅目	叶、茎、花	+++
		烟粉虱 *Bemisia tabaci*	半翅目	叶	+++
		大猿叶甲 *Colaphellus bowringi*	鞘翅目	叶	++
		小猿叶甲 *Phaedon brassicae*	鞘翅目	叶	+
		美洲斑潜蝇 *Liriomyza sativae*	双翅目	叶	+++
		黄守瓜 *Aulacophora indica*	鞘翅目	叶	+++
70	葫芦瓜	棕榈蓟马 *Thrips palmi*	缨翅目	叶、茎、花	++++
		黄蓟马 *Thrips flavus*	缨翅目	叶、茎、花	++++
		烟粉虱 *Bemisia tabaci*	半翅目	叶、茎、花	++++
		棉蚜 *Aphis gossypii*	半翅目	叶、茎、花	++++
		黄守瓜 *Aulacophora indica*	鞘翅目	叶	+++
71	苦瓜	瓜实蝇 *Bactrocera cucuribitae*	双翅目	叶	++++

（续表）

序号	寄主	害虫（螨）种类	分类	为害部位	严重度
71	苦瓜	美洲斑潜蝇 Liriomyza sativae	双翅目	叶	+++
		棉蚜 Aphis gossypii	半翅目	叶、茎、花	+++
		棕榈蓟马 Thrips palmi	缨翅目	叶、茎、花	++++
		黄蓟马 Thrips flavus	缨翅目	叶、茎、花	++++
72	丝瓜	棕榈蓟马 Thrips palmi	缨翅目	叶、茎、花	++++
		黄蓟马 Thrips flavus	缨翅目	叶、茎、花	++++
		烟粉虱 Bemisia tabaci	半翅目	叶、茎、花	++++
		棉蚜 Aphis gossypii	半翅目	叶、茎、花	+++
		黄守瓜 Aulacophora indica	鞘翅目	叶	+++
		瓜实蝇 Bactrocera cucuribitae	双翅目		+++
		美洲斑潜蝇 Liriomyza sativae	双翅目	叶	+++
73	南瓜	棉蚜 Aphis gossypii	半翅目	叶、茎、花	+++
		烟粉虱 Bemisia tabaci	半翅目	叶、茎、花	++++
		黄守瓜 Aulacophora indica	鞘翅目	叶	+++
		棕榈蓟马 Thrips palmi	缨翅目	叶、茎、花	++++
		黄蓟马 Thrips flavus	缨翅目	叶、茎、花	++++
		瓜实蝇 Bactrocera cucuribitae	双翅目	叶	+++
		美洲斑潜蝇 Liriomyza sativae	双翅目	叶	+++
74	辣椒	棕榈蓟马 Thrips palmi	缨翅目	叶、茎、花	++++
		黄蓟马 Thrips flavus	缨翅目	叶、茎、花	++++
		烟粉虱 Bemisia tabaci	半翅目	叶、茎、花	++++
		桃蚜 Myzus persicae	半翅目	叶、茎、花	++++
		美洲斑潜蝇 Liriomyza sativae	双翅目	叶	++
		茶黄螨 Polyphagotarsonemus latus	蜱螨目	叶、花	++++
75	茄子	黄曲条跳甲 Phyllotreta striolata	鞘翅目	叶	++++
		大猿叶甲 Colaphellus bowringi	鞘翅目	叶	++
		小猿叶甲 Phaedon brassicae	鞘翅目	叶	+
		美洲斑潜蝇 Liriomyza sativae	双翅目	叶	++

（续表）

序号	寄主	害虫（螨）种类	分类	为害部位	严重度
75	茄子	棕榈蓟马 *Thrips palmi*	缨翅目	叶、茎、花	++++
		黄蓟马 *Thrips flavus*	缨翅目	叶、茎、花	++++
		茄无网蚜 *Acyrthosiphon solani*	半翅目	叶	++++
		烟粉虱 *Bemisia tabaci*	半翅目	叶、茎、花	++++
		木瓜秀粉蚧 *Paracoccus marginatus*	半翅目	叶、茎、花	++++
		扶桑绵粉蚧 *Phenacoccus solenopsis*	半翅目	叶、茎、花	++++
		朱砂叶螨 *Tetranychus cinnabarinus*	真螨目	叶	++++
76	龙葵	棕榈蓟马 *Thrips palmi*	缨翅目	叶、茎、花	++++
		黄蓟马 *Thrips flavus*	缨翅目	叶、茎、花	++++
		棉蚜 *Aphis gossypii*	半翅目	叶、茎、花	++++
		扶桑绵粉蚧 *Phenacoccus solenopsis*	半翅目	叶、茎、花	++++
		黄曲条跳甲 *Phyllotreta striolata*	鞘翅目	叶	++
		大猿叶甲 *Colaphellus bowringi*	鞘翅目	叶	++
		小猿叶甲 *Phaedon brassicae*	鞘翅目	叶	+
		美洲斑潜蝇 *Liriomyza sativae*	双翅目	叶	++
		二斑叶螨 *Tetranychus urticae*	蜱螨目	叶	+++
77	番茄	黄蓟马 *Thrips flavus*	缨翅目	叶、茎、花	+++
		棕榈蓟马 *Thrips palmi*	缨翅目	叶、茎、花	+++
		美洲斑潜蝇 *Liriomyza sativae*	双翅目	叶	+++
		烟粉虱 *Bemisia tabaci*	半翅目	叶、茎、花	++++
		朱砂叶螨 *Tetranychus cinnabarinus*	真螨目	叶	++++
		二斑叶螨 *Tetranychus urticae*	蜱螨目	叶	++++
78	豇豆	美洲斑潜蝇 *Liriomyza sativae*	双翅目	叶、茎	++++
		豆大蓟马 *Megalurothrips usitatus*	缨翅目	叶、花	++++
79	大白菜	小菜蛾 *Plutella xylostella*	鳞翅目	叶	++++
		烟粉虱 *Bemisia tabaci*	半翅目	叶、茎、花	++++
80	小白菜	黄曲条跳甲 *Phyllotreta striolata*	鞘翅目	叶	++++
		大猿叶甲 *Colaphellus bowringi*	鞘翅目	叶	+++

（续表）

序号	寄主	害虫（螨）种类	分类	为害部位	严重度
80	小白菜	小猿叶甲 *Phaedon brassicae*	鞘翅目	叶	++
		菜蚜 *Lipaphis erysimi*	半翅目	叶	++++
		烟粉虱 *Bemisia tabaci*	半翅目	叶、茎、花	++++
		美洲斑潜蝇 *Liriomyza sativae*	双翅目	叶	++++
81	空心菜	烟粉虱 *Bemisia tabaci*	半翅目	叶	++++
		棉蚜 *Aphis gossypii*	半翅目	叶、茎、花	++
		棕榈蓟马 *Thrips palmi*	缨翅目	叶、茎、花	++
		黄蓟马 *Thrips flavus*	缨翅目	叶、茎、花	++
		黄曲条跳甲 *Phyllotreta striolata*	鞘翅目	叶	++
		大猿叶甲 *Colaphellus bowringi*	鞘翅目	叶	++
		小猿叶甲 *Phaedon brassicae*	鞘翅目	叶	++
		朱砂叶螨 *Tetranychus cinnabarinus*	真螨目	叶	++
		二斑叶螨 *Tetranychus urticae*	蜱螨目	叶	++
82	百花菜	大猿叶甲 *Colaphellus bowringi*	鞘翅目	叶	++
		小猿叶甲 *Phaedon brassicae*	鞘翅目	叶	+
		黄曲条跳甲 *Phyllotreta striolata*	鞘翅目	叶	+++
		美洲斑潜蝇 *Liriomyza sativae*	双翅目	叶	+++
		棉蚜 *Aphis gossypii*	半翅目	叶、茎、花	+++
		烟粉虱 *Bemisia tabaci*	半翅目	叶、茎、花	+++
		木瓜秀粉蚧 *Paracoccus marginatus*	半翅目	叶、茎、花	+++
		扶桑绵粉蚧 *Phenacoccus solenopsis*	半翅目	叶、茎、花	+++
		棕榈蓟马 *Thrips palmi*	缨翅目	叶、茎、花	++
		黄蓟马 *Thrips flavus*	缨翅目	叶、茎、花	++
		朱砂叶螨 *Tetranychus cinnabarinus*	真螨目	叶	+++
		二斑叶螨 *Tetranychus urticae*	蜱螨目	叶	+++
83	小芹菜	美洲斑潜蝇 *Liriomyza sativae*	双翅目	叶	+
		大猿叶甲 *Colaphellus bowringi*	鞘翅目	叶	+
		小猿叶甲 *Phaedon brassicae*	鞘翅目	叶	+

（续表）

序号	寄主	害虫（螨）种类	分类	为害部位	严重度
83	小芹菜	黄曲条跳甲 *Phyllotreta striolata*	鞘翅目	叶	++
		烟粉虱 *Bemisia tabaci*	半翅目	叶、茎、花	+++
84	鹿舌菜	大猿叶甲 *Colaphellus bowringi*	鞘翅目	叶	++
		小猿叶甲 *Phaedon brassicae*	鞘翅目	叶	+
		黄曲条跳甲 *Phyllotreta striolata*	鞘翅目	叶	+++
		棉蚜 *Aphis gossypii*	半翅目	叶、茎、花	+++
		烟粉虱 *Bemisia tabaci*	半翅目	叶、茎、花	++++
85	蕨菜	斜纹夜蛾 *Spodoptera litura*	鳞翅目	叶	++
		黄曲条跳甲 *Phyllotreta striolata*	鞘翅目	叶	++
		烟粉虱 *Bemisia tabaci*	半翅目	叶、茎、花	++
86	落葵	大猿叶甲 *Colaphellus bowringi*	鞘翅目	叶	+
		小猿叶甲 *Phaedon brassicae*	鞘翅目	叶	+
		黄曲条跳甲 *Phyllotreta striolata*	鞘翅目	叶	++
		绿鳞象甲 *Hypomeces squamosus*	鞘翅目	叶	++
		烟粉虱 *Bemisia tabaci*	半翅目	叶、茎、花	+++
		黄蓟马 *Thrips flavus*	缨翅目	叶、茎、花	+++
		棕榈蓟马 *Thrips palmi*	缨翅目	叶、茎、花	+++
		朱砂叶螨 *Tetranychus cinnabarinus*	真螨目	叶	+++
87	野苋菜	大猿叶甲 *Colaphellus bowringi*	鞘翅目	叶	++
		小猿叶甲 *Phaedon brassicae*	鞘翅目	叶	+
		黄曲条跳甲 *Phyllotreta striolata*	鞘翅目	叶	+++
		棉蚜 *Aphis gossypii*	半翅目	叶、茎、花	+++
		烟粉虱 *Bemisia tabaci*	半翅目	叶、茎、花	++++
88	甘薯	大猿叶甲 *Colaphellus bowringi*	鞘翅目	叶	++
		小猿叶甲 *Phaedon brassicae*	鞘翅目	叶	+
		木瓜秀粉蚧 *Paracoccus marginatus*	半翅目	叶、茎、花	++++
		烟粉虱 *Bemisia tabaci*	半翅目	叶	++++
		朱砂叶螨 *Tetranychus cinnabarinus*	真螨目	叶	++++

（续表）

序号	寄主	害虫（螨）种类	分类	为害部位	严重度
89	玉米	玉米螟 *Ostrinia nubilalis*	鳞翅目	叶	+++
		玉米蚜 *Rhopalosiphum maidis*	半翅目	叶、茎	+++
90	甘蔗	甘蔗条螟 *Chilo sacchariphagus*	鳞翅目	叶	+++
		蛴螬 *Scarabaeoidae*	鞘翅目	叶	+++
		甘蔗绵蚜 *Ceratovacuna lanigera*	半翅目	叶、茎	+++
91	木瓜	木瓜秀粉蚧 *Paracoccus marginatus*	半翅目	叶	++++
		朱砂叶螨 *Tetranychus cinnabarinus*	真螨目	叶	++++
92	番石榴	棕榈蓟马 *Thrips palmi*	缨翅目	叶、茎、花	++
		黄蓟马 *Thrips flavus*	缨翅目	叶、茎、花	++
		木瓜秀粉蚧 *Paracoccus marginatus*	半翅目	叶、茎、花	+++
		扶桑绵粉蚧 *Phenacoccus solenopsis*	半翅目	叶、茎、花	+++
		大猿叶甲 *Colaphellus bowringi*	鞘翅目	叶	++
		小猿叶甲 *Phaedon brassicae*	鞘翅目	叶	+
		绿鳞象甲 *Hypomeces squamosus*	鞘翅目	叶	++
		象鼻虫 *Elaeidobius kamerunicus*	鞘翅目	叶	+
		朱砂叶螨 *Tetranychus cinnabarinus*	真螨目	叶	+++
93	柑橘	大猿叶甲 *Colaphellus bowringi*	鞘翅目	叶	+
		小猿叶甲 *Phaedon brassicae*	鞘翅目	叶	+
		柑橘潜叶甲 *Podagricomela nigricollis*	鞘翅目	叶	++
		光肩星天牛 *Anoplophora glabripennis*	鞘翅目	叶	++
		六星吉丁虫 *Chrysobothris succedanea*	鞘翅目	叶	++
		稻绿蝽 *Nezara viridula*	半翅目	叶	++
		九香虫 *Coridius chinensis*	半翅目	叶	++
		红蜡蚧 *Ceroplastes rubens*	半翅目	叶	+++
		柑橘全爪螨 *Panonychus citri*	蜱螨目	叶	++
94	莲雾	大猿叶甲 *Colaphellus bowringi*	鞘翅目	叶	++
		小猿叶甲 *Phaedon brassicae*	鞘翅目	叶	+
		绿鳞象甲 *Hypomeces squamosus*	鞘翅目	叶	++

（续表）

序号	寄主	害虫（螨）种类	分类	为害部位	严重度
94	莲雾	棕榈蓟马 *Thrips palmi*	缨翅目	叶、茎、花	+++
		黄蓟马 *Thrips flavus*	缨翅目	叶、茎、花	+++
		朱砂叶螨 *Tetranychus cinnabarinus*	真螨目	叶	+++
95	龙珠果	大猿叶甲 *Colaphellus bowringi*	鞘翅目	叶	++
		小猿叶甲 *Phaedon brassicae*	鞘翅目	叶	++
		黄曲条跳甲 *Phyllotreta striolata*	鞘翅目	叶	+++
		烟粉虱 *Bemisia tabaci*	半翅目	叶、茎、花	+++
		棉蚜 *Aphis gossypii*	半翅目	叶、茎、花	+++
		棕榈蓟马 *Thrips palmi*	缨翅目	叶、茎、花	++
		黄蓟马 *Thrips flavus*	缨翅目	叶、茎、花	++
		朱砂叶螨 *Tetranychus cinnabarinus*	真螨目	叶	+++
		二斑叶螨 *Tetranychus urticae*	蜱螨目	叶	+++
96	蓖麻	小绿叶蝉 *Empoasca flavescens*	半翅目	叶	+++
		烟粉虱 *Bemisia tabaci*	半翅目	叶、茎、花	+++
		木瓜秀粉蚧 *Paracoccus marginatus*	半翅目	叶、茎、花	++
		斜纹夜蛾 *Spodoptera litura*	鳞翅目	叶	+++
		棕榈蓟马 *Thrips palmi*	缨翅目	叶、茎、花	++
		黄蓟马 *Thrips flavus*	缨翅目	叶	++
		绿鳞象甲 *Hypomeces squamosus*	鞘翅目	叶	++
		美洲斑潜蝇 *Liriomyza sativae*	双翅目	叶	++
		朱砂叶螨 *Tetranychus cinnabarinus*	真螨目	叶	+++
		二斑叶螨 *Tetranychus urticae*	蜱螨目	叶	+++
绿色固沙植物害虫					
97	厚藤	朱砂叶螨 *Tetranychus cinnabarinus*	真螨目	叶	++++
		黄曲条跳甲 *Phyllotreta striolata*	鞘翅目	叶	++++
		大猿叶甲 *Colaphellus bowringi*	鞘翅目	叶	++
		小猿叶甲 *Phaedon brassicae*	鞘翅目	叶	++
98	蟛蜞菊	烟粉虱 *Bemisia tabaci*	半翅目	叶、茎、花	+++

（续表）

序号	寄主	害虫（螨）种类	分类	为害部位	严重度
98	蟛蜞菊	扶桑绵粉蚧 Phenacoccus solenopsis	半翅目	叶、茎、花	+++
		棉蚜 Aphis gossypii	半翅目	叶、茎、花	+++
		黄蓟马 Thrips flavus	缨翅目	叶、茎、花	++
		棕榈蓟马 Thrips palmi	缨翅目	叶、茎、花	++
		大猿叶甲 Colaphellus bowringi	鞘翅目	叶	++
		小猿叶甲 Phaedon brassicae	鞘翅目	叶	++
		黄曲条跳甲 Phyllotreta striolata	鞘翅目	叶	++
		蔷薇三节叶蜂 Arge geei	膜翅目	叶	++
		朱砂叶螨 Tetranychus cinnabarinus	真螨目	叶	+++
		二斑叶螨 Tetranychus urticae	蜱螨目	叶	+++
99	孪花蟛蜞菊	扶桑绵粉蚧 Phenacoccus solenopsis	半翅目	叶、茎、花	++++
		烟粉虱 Bemisia tabaci	半翅目	叶、茎、花	+++
		棉蚜 Aphis gossypii	半翅目	叶、茎、花	+++
		黄蓟马 Thrips flavus	缨翅目	叶、茎、花	++
		棕榈蓟马 Thrips palmi	缨翅目	叶、茎、花	++
		美洲斑潜蝇 Liriomyza sativae	双翅目	叶	++
		大猿叶甲 Colaphellus bowringi	鞘翅目	叶	+
		小猿叶甲 Phaedon brassicae	鞘翅目	叶	+
		黄曲条跳甲 Phyllotreta striolata	鞘翅目	叶	++
		蔷薇三节叶蜂 Arge geei	膜翅目	叶	++
		朱砂叶螨 Tetranychus cinnabarinus	真螨目	叶	+++
		二斑叶螨 Tetranychus urticae	蜱螨目	叶	+++
100	飞机草	黄蓟马 Thrips flavus	缨翅目	叶、茎、花	++
		棕榈蓟马 Thrips palmi	缨翅目	叶、茎、花	++
		扶桑绵粉蚧 Phenacoccus solenopsis	半翅目	叶、茎、花	+++
		棉蚜 Aphis gossypii	半翅目	叶、茎、花	+++
		烟粉虱 Bemisia tabaci	半翅目	叶、茎、花	++
		美洲斑潜蝇 Liriomyza sativae	双翅目	叶	++

（续表）

序号	寄主	害虫（螨）种类	分类	为害部位	严重度
100	飞机草	蔷薇三节叶蜂 *Arge geei*	膜翅目	叶	++
		朱砂叶螨 *Tetranychus cinnabarinus*	真螨目	叶	+++
		二斑叶螨 *Tetranychus urticae*	蜱螨目	叶	+++
101	赛葵	扶桑绵粉蚧 *Phenacoccus solenopsis*	半翅目	叶、茎、花	+++
		大猿叶甲 *Colaphellus bowringi*	鞘翅目	叶	++
		小猿叶甲 *Phaedon brassicae*	鞘翅目	叶	++
		黄曲条跳甲 *Phyllotreta striolata*	鞘翅目	叶	++
		棕榈蓟马 *Thrips palmi*	缨翅目	叶、茎、花	++
		黄蓟马 *Thrips flavus*	缨翅目	叶、茎、花	++
		棉蚜 *Aphis gossypii*	半翅目	叶、茎、花	++
		二斑叶螨 *Tetranychus urticae*	蜱螨目	叶	+++
102	黄花稔	大猿叶甲 *Colaphellus bowringi*	鞘翅目	叶	+++
		小猿叶甲 *Phaedon brassicae*	鞘翅目	叶	++
		黄曲条跳甲 *Phyllotreta striolata*	鞘翅目	叶	+++
		棉蚜 *Aphis gossypii*	半翅目	叶、茎、花	+++
		烟粉虱 *Bemisia tabaci*	半翅目	叶、茎、花	+++
		黄蓟马 *Thrips flavus*	缨翅目	叶、茎、花	++
		棕榈蓟马 *Thrips palmi*	缨翅目	叶、茎、花	++
		朱砂叶螨 *Tetranychus cinnabarinus*	真螨目	叶	++++
103	海刀豆	朱砂叶螨 *Tetranychus cinnabarinus*	真螨目	叶	++++
		二斑叶螨 *Tetranychus urticae*	蜱螨目	叶	+++
		棕榈蓟马 *Thrips palmi*	缨翅目	叶、茎、花	+++
		黄蓟马 *Thrips flavus*	缨翅目	叶、茎、花	+++
		大猿叶甲 *Colaphellus bowringi*	鞘翅目	叶	++
		小猿叶甲 *Phaedon brassicae*	鞘翅目	叶	+
104	海滨大戟	大猿叶甲 *Colaphellus bowringi*	鞘翅目	叶	++
		小猿叶甲 *Phaedon brassicae*	鞘翅目	叶	++
		黄曲条跳甲 *Phyllotreta striolata*	鞘翅目	叶	+++

（续表）

序号	寄主	害虫（螨）种类	分类	为害部位	严重度
104	海滨大戟	黄蓟马 *Thrips flavus*	缨翅目	叶、茎、花	+
		棕榈蓟马 *Thrips palmi*	缨翅目	叶、茎、花	+
		烟粉虱 *Bemisia tabaci*	半翅目	叶	+
		朱砂叶螨 *Tetranychus cinnabarinus*	真螨目	叶	+++
105	空心莲子草	大猿叶甲 *Colaphellus bowringi*	鞘翅目	叶	++
		小猿叶甲 *Phaedon brassicae*	鞘翅目	叶	++
		黄曲条跳甲 *Phyllotreta striolata*	鞘翅目	叶	++++
		朱砂叶螨 *Tetranychus cinnabarinus*	真螨目	叶	++++
106	马齿苋	大猿叶甲 *Colaphellus bowringi*	鞘翅目	叶	++
		小猿叶甲 *Phaedon brassicae*	鞘翅目	叶	++
		黄曲条跳甲 *Phyllotreta striolata*	鞘翅目	叶	+++
		美洲斑潜蝇 *Liriomyza sativae*	双翅目	叶	++
		烟粉虱 *Bemisia tabaci*	半翅目	叶、茎、花	+++
		朱砂叶螨 *Tetranychus cinnabarinus*	真螨目	叶	++++
107	假海马齿	大猿叶甲 *Colaphellus bowringi*	鞘翅目	叶	+++
		小猿叶甲 *Phaedon brassicae*	鞘翅目	叶	++
		黄曲条跳甲 *Phyllotreta striolata*	鞘翅目	叶	+++
		美洲斑潜蝇 *Liriomyza sativae*	双翅目	叶	+
		烟粉虱 *Bemisia tabaci*	半翅目	叶、茎、花	++
		朱砂叶螨 *Tetranychus cinnabarinus*	真螨目	叶	+++
108	锦绣苋	大猿叶甲 *Colaphellus bowringi*	鞘翅目	叶	++
		小猿叶甲 *Phaedon brassicae*	鞘翅目	叶	++
		黄曲条跳甲 *Phyllotreta striolata*	鞘翅目	叶	+++
		棉蚜 *Aphis gossypii*	半翅目		+++
		木瓜秀粉蚧 *Paracoccus marginatus*	半翅目	叶、茎、花	++++
		扶桑绵粉蚧 *Phenacoccus solenopsis*	半翅目	叶、茎、花	++++
		烟粉虱 *Bemisia tabaci*	半翅目	叶、茎、花	++++
		朱砂叶螨 *Tetranychus cinnabarinus*	真螨目	叶	++++

（续表）

序号	寄主	害虫（螨）种类	分类	为害部位	严重度
109	蒺藜	美洲斑潜蝇 *Liriomyza sativae*	双翅目	叶	++
		大猿叶甲 *Colaphellus bowringi*	鞘翅目	叶	++
		黄曲条跳甲 *Phyllotreta striolata*	鞘翅目	叶	+
		绿鳞象甲 *Hypomeces squamosus*	鞘翅目	叶	++
		朱砂叶螨 *Tetranychus cinnabarinus*	真螨目	叶	+++
110	刺桐	蔷薇三节叶蜂 *Arge geei*	膜翅目	叶	++
		大猿叶甲 *Colaphellus bowringi*	鞘翅目	叶	++
		小猿叶甲 *Phaedon brassicae*	鞘翅目	叶	+
		绿鳞象甲 *Hypomeces squamosus*	鞘翅目	叶	++
		小绿叶蝉 *Empoasca flavescens*	半翅目	叶	++
111	苘麻	朱砂叶螨 *Tetranychus cinnabarinus*	真螨目	叶	++++
		烟粉虱 *Bemisia tabaci*	半翅目	叶、茎、花	++++
		黄曲条跳甲 *Phyllotreta striolata*	鞘翅目	叶	++++
		大猿叶甲 *Colaphellus bowringi*	鞘翅目	叶	+++
		小猿叶甲 *Phaedon brassicae*	鞘翅目	叶	++
112	猩猩草	大猿叶甲 *Colaphellus bowringi*	鞘翅目	叶、茎	++
		小猿叶甲 *Phaedon brassicae*	鞘翅目	叶	++
		黄曲条跳甲 *Phyllotreta striolata*	鞘翅目	叶	++
		烟粉虱 *Bemisia tabaci*	半翅目	叶、茎、花	+
		棉蚜 *Aphis gossypii*	半翅目	叶、茎、花	+++
		朱砂叶螨 *Tetranychus cinnabarinus*	真螨目	叶	+++
113	飞扬草	大猿叶甲 *Colaphellus bowringi*	鞘翅目	叶	++
		小猿叶甲 *Phaedon brassicae*	鞘翅目	叶	++
		黄曲条跳甲 *Phyllotreta striolata*	鞘翅目	叶	+++
		棕榈蓟马 *Thrips palmi*	缨翅目	叶、茎、花	++++
		黄蓟马 *Thrips flavus*	缨翅目	叶、茎、花	++++
		扶桑绵粉蚧 *Phenacoccus solenopsis*	半翅目	叶、茎、花	++++
		烟粉虱 *Bemisia tabaci*	半翅目	叶、茎、花	++++
		棉蚜 *Aphis gossypii*	半翅目	叶、茎、花	++++
		朱砂叶螨 *Tetranychus cinnabarinus*	半翅目	叶、茎、花	++++

（续表）

序号	寄主	害虫（螨）种类	分类	为害部位	严重度
114	草胡椒	棉蚜 *Aphis gossypii*	半翅目	叶、茎、花	+++
		烟粉虱 *Bemisia tabaci*	半翅目	叶、茎、花	+
		大猿叶甲 *Colaphellus bowringi*	鞘翅目	叶	++
		小猿叶甲 *Phaedon brassicae*	鞘翅目	叶	+
		黄曲条跳甲 *Phyllotreta striolata*	鞘翅目	叶	++
		黄蓟马 *Thrips flavus*	缨翅目	叶、茎、花	++
		棕榈蓟马 *Thrips palmi*	缨翅目	叶、茎、花	++
		朱砂叶螨 *Tetranychus cinnabarinus*	真螨目	叶	+++
115	鬼针草	大猿叶甲 *Colaphellus bowringi*	鞘翅目	叶	++
		小猿叶甲 *Phaedon brassicae*	鞘翅目	叶	+
		黄曲条跳甲 *Phyllotreta striolata*	鞘翅目	叶	++
		棉蚜 *Aphis gossypii*	半翅目	叶、茎、花	++
		烟粉虱 *Bemisia tabaci*	半翅目	叶、茎、花	++
		棕榈蓟马 *Thrips palmi*	缨翅目	叶、茎、花	++
		黄蓟马 *Thrips flavus*	缨翅目	叶、茎、花	++
		朱砂叶螨 *Tetranychus cinnabarinus*	真螨目	叶	++
		二斑叶螨 *Tetranychus urticae*	蜱螨目	叶	++
116	假马鞭	棕榈蓟马 *Thrips palmi*	缨翅目	叶、茎、花	++
		黄蓟马 *Thrips flavus*	缨翅目	叶、茎、花	++
		棉蚜 *Aphis gossypii*	半翅目	叶、茎、花	++
		烟粉虱 *Bemisia tabaci*	半翅目	叶、茎、花	++
		朱砂叶螨 *Tetranychus cinnabarinus*	真螨目	叶	+++
		二斑叶螨 *Tetranychus urticae*	蜱螨目	叶	+++
117	臭矢菜	黄蓟马 *Thrips flavus*	半翅目	叶、茎、花	++
		棕榈蓟马 *Thrips palmi*	半翅目	叶、茎、花	++
		棉蚜 *Aphis gossypii*	缨翅目	叶、茎、花	+++
		烟粉虱 *Bemisia tabaci*	缨翅目	叶、茎、花	++
		扶桑绵粉蚧 *Phenacoccus solenopsis*	半翅目	叶、茎、花	+++

（续表）

序号	寄主	害虫（螨）种类	分类	为害部位	严重度
117	臭矢菜	大猿叶甲 Colaphellus bowringi	鞘翅目	叶	++
		小猿叶甲 Phaedon brassicae	鞘翅目	叶	+
		黄曲条跳甲 Phyllotreta striolata	鞘翅目	叶	++
		美洲斑潜蝇 Liriomyza sativae	双翅目	叶	++
		蔷薇三节叶蜂 Arge geei	膜翅目	叶	++
		朱砂叶螨 Tetranychus cinnabarinus	真螨目	叶	+++
		二斑叶螨 Tetranychus urticae	蜱螨目	叶	+++
118	细穗草	黄曲条跳甲 Phyllotreta striolata	鞘翅目	叶	++
		蛴螬 Scarabaeoidae	鞘翅目	叶	++

注："++++"非常严重为害，"+++"严重为害，"++"中度为害，"+"轻度为害。